O TEOREMA DA EQUIVALÊNCIA DE CAPITAIS

E

O PARADOXO DO SISTEMA FINANCEIRO

Pedro-Waldo Fernandes de Cunha

PEDRO-WALDO FERNANDES DE CUNHA
Matemática e Consultoria

Copyright © 2020 Pedro-Waldo Fernandes de Cunha

Todos os direitos reservados.

ISBN: 9798630306333

DEDICATORIA

À minha avó, mãe e tias que me formaram e aos meus filhos.

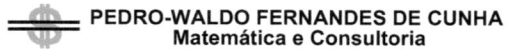

CONTEUDO

Prefacio		6
Parte 1	Iniciais	8
Parte 2	O Teorema de Equivalência de Capitais	21
Parte 3	A Utilidade da Equivalência de capitais	27
Parte 4	A Importância do Valor Líquido Para o Mercado	34
Parte 5	O Paradoxo do Sistema Financeiro	44

AGRADECIMENTOS

Agradecimento especial à minha filha Thais que editou este trabalho.

PREFÁCIO

Uma ação de grande interesse financeiro e social percorreu os tribunais brasileiros por mais de doze anos. Os autores afirmavam a existência de juros compostos nas prestações constantes calculadas pelo Sistema Price argumentando que a dedução da fórmula que as calcula possui base de cálculo no Regime de Juros Compostos – RJC. Além disso, sugeriam que o mercado, em especial o SFH - Sistema Financeiro da Habitação -, passasse a utilizar o Método de Gauss, um sistema de pagamento de empréstimos em prestações constantes, cuja fórmula de cálculo tem dedução com base no Regime de Juros Simples - RJS.

Peritos – na quase totalidade economistas, administradores, contadores e engenheiros, elaboraram pareceres tecnicamente contraditórios e, sobre eles, advogados, promotores, juízes e magistrados emitiram argumentações, juízos e decisões.

Os operadores do SFH, por insegurança jurídica, alteraram as regras da concessão de empréstimos e financiamentos deixando de contratar crédito pelo Sistema Price. Passaram a operar um sistema que denominaram misto. Os trechos abaixo, de autoria do Ministro Luís Felipe Salomão em 2014, chamando de matemáticos e de experts os citados peritos, espelham bem a situação de então:

> *"As contradições, os estudos técnicos dissonantes e as diversas teorizações só demonstram o que já se afirmou no precedente paradigma de minha relatoria, que, em matéria de Tabela Price, nem sequer os matemáticos chegam a um consenso".*

> *"Nessa seara de incertezas, cabe ao Judiciário conferir a solução ao caso concreto, mas não lhe cabe imiscuir-se em terreno movediço nos quais os próprios experts tropeçam. Os juízes não têm conhecimentos técnicos para escolher entre uma teoria matemática e outra, uma vez que não há perfeito consenso neste campo. Não há como saber sequer a idoneidade de cada trabalho publicado nessa área".*

Terminada a lide - a academia jamais foi convocada pelas partes - ficaram as afirmações acima e questões que a bibliografia usual da Matemática Financeira não responde: (1) Sendo determinados por expressão deduzida com base no Regime de Juros Compostos, os juros nas prestações constantes calculadas pelo Sistema Price são juros simples ou são juros compostos? (2) Por que o Método de Gauss jamais foi utilizado no mercado financeiro?

O pano de fundo de toda a discussão foi a Matemática Financeira que, registre-se, tem ensino com características singulares: os professores da disciplina e os autores da bibliografia usual são, incluídos os principais deles, na sua maioria, economistas, administradores, contadores e engenheiros. Há escolas em que ela não é vista como disciplina da área de Matemática: na USP - Universidade São Paulo, o IME - Instituto de Matemática de Estatística -, oferece e é responsável por todos os cursos de Matemática da universidade, mas não oferece o curso de Matemática Financeira para a Economia, para a Administração e para a Contabilidade. Ele é de responsabilidade da FEA – Faculdade de Economia e Administração.

Tais características trouxeram consequências. Há autores que definem a Equivalência de Capitais somente em RJC e outros a definem tanto em RJS como em RJC e isso ocorre porque a Equivalência é conceito definido no estudo das Relações Binárias – disciplina que tem na obra homônima do saudoso Professor Edgar de Alencar Filho, Editora Nobel, uma de suas principais referências -, item obrigatório da ementa da graduação em Matemática, que não é levado em conta nem na bibliografia, nem nas aulas de Matemática Financeira. Sendo assim, há professores que seguem uns

PEDRO-WALDO FERNANDES DE CUNHA
Matemática e Consultoria

e há os que seguem os outros. Ai a origem e a razão das "contradições", "estudos técnicos dissonantes", "as diversas teorizações", "terreno movediço nos quais os próprios experts tropeçam" e "uma teoria matemática e outra".

Matemático, retornei às Relações Binárias do Professor Edgar e elas me levaram a dois enunciados: um deles demonstrei e denominei Teorema da Equivalência de Capitais; o outro denominei Paradoxo do Sistema Financeiro. E fiz isso porque não os encontrei em toda bibliografia que consegui alcançar.

Surgiu aí a ideia deste livro: apresentar o Capital como grandeza que não tem as operações de adição, subtração e comparação definidas para capitais não expressos na mesma data; apresentar a Equivalência e Relações de Equivalência; apresentar a Igualdade, chamando atenção para a diferença entre ela e as relações definidas por igualdade; apresentar a demonstração já citada e o estudo que leva o leitor ao mencionado paradoxo.

O teorema estabelece as condições para a definição de Capitais Equivalentes e uma de suas consequências é colocar em evidência algo que a toda a bibliografia – incluindo aí o "Manual do Proprietário e Guia para Solução de Problemas da HP12C" - jamais publicou: o porquê das planilhas e calculadoras financeiras não apresentarem teclas ou programas internos que calculem o Valor Presente Líquido e a Taxa Interna de Retorno em RJS. Elas só os calculam em RJC.

Quanto ao paradoxo, sua apresentação se baseia no Sistema Geral de Pagamento de Empréstimos em Regime de Juros Simples, por demais conhecido do mercado financeiro mundial e pouco considerado na bibliografia usual. É um caminho que traz à tona respostas para as questões acima explicitadas e três de seus casos particulares muito importantes e conhecidos de todos.

O texto é curto, com muito rigor teórico, mas escrito com extremo cuidado didático. Aliás, tento sempre mostrar que os temas da Matemática podem ser entendidos por todos.

Finalizo com um registro especial e muito importante: o teorema e o paradoxo referidos, títulos deste livro, são proposições que considero inéditas, pois desconheço publicação que as explicite. Caso algum leitor as conheça ou as venha encontrar, solicito ser comunicado. Será a forma de reconhecer os competentes registros e citar a publicação.

O Autor

PARTE 1 – INICIAIS

A Matemática Financeira estuda o valor dos capitais ao longo do tempo e, para isso, utiliza quatro grandezas:

Capital que representaremos por **C** e representado por **PV** -"Present Value"- nas calculadoras e planilhas eletrônicas.

Tempo que representaremos por **n**, medido em períodos **p** (dias, meses, bimestres, trimestres, quadrimestres, semestres, anos, etc.), forma pela qual também é representado nas calculadoras e planilhas eletrônicas – "Number of Periods".

Juros que representaremos por **J**.

Taxa de Juros que representaremos por i – "Interest Rate"–, forma em que também é representada nas calculadoras e planilhas eletrônicas.

> *A dupla notação se justifica: as principais ferramentas de cálculo da Matemática Financeira são as calculadoras e planilhas eletrônicas.*

O CAPITAL

Capital é tudo o que pode produzir renda: dinheiro, bens imóveis (casas, apartamentos, galpões, etc.), bens móveis (máquinas, equipamentos, ferramenteiras, utensílios, ...), etc. Sua expressão referencia um valor, uma data e uma qualificação: uma entrada ou saída de caixa, um débito ou um crédito contábil ou ainda uma aplicação ou um resgate.

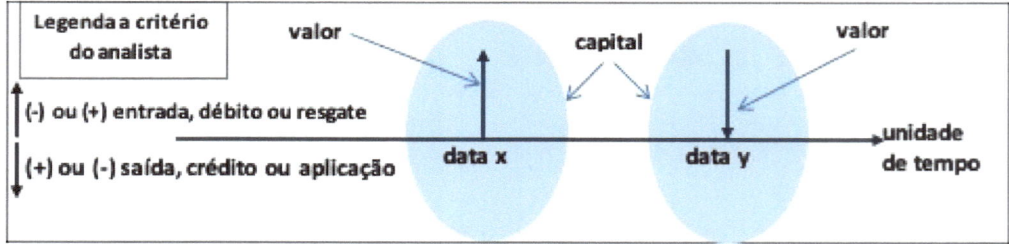

A forma como o **Capital** se expressa acarreta que adições, subtrações e comparações são definidas somente para **Capitais expressos na mesma data.**

EXEMPLOS: 5.000(data2)   3.000(data2)   8.000(data2)   3.000(data10)

Para os capitais acima explicitados:

a) Existe a soma 3.000(data2) + 5.000(data2) = 8.000(data2), mas não existe a subtração 8.000(data2) – 3.000(data10)

b) Pode-se afirmar que o capital 8.000(data2) é maior que o capital 5.000(data2) e não se compara o capital 5.000(data2) com o capital 3.000(data10)

O relacionamento entre capitais expressos em datas distintas se estabelece pelo capital **delta** - Δ – abaixo representado e expresso na data maior.

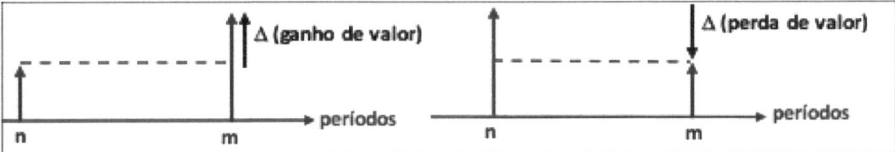

No primeiro caso, o capital Δ representa ganho de valor ao longo do período entre as datas n e m.

No segundo caso, o capital Δ representa perda de valor ao longo do período entre as datas n e m.

Determinar esse capital Δ e saber quando e em que condições ele é positivo ou negativo, são dois dos interesses da Matemática Financeira.

O TEMPO

Para a Matemática Financeira, **Tempo** é um conceito primitivo, aceito sem definição formal.

OS JUROS

Juros é conceito que acompanha o homem desde priscas eras, sendo, inclusive, citado na Bíblia, no Deuteronômio:

> *DEUT 23;19* "*Do teu irmão não cobrarás juros, nem de dinheiro nem de comida, nem de nada do que se puder cobrar juros*".

Os **Juros** surgem em consequência do relacionamento entre as pessoas que, de maneira geral, são de dois tipos: ou são consumidores ou investidores, os que preferem gastar ou investir imediatamente seu dinheiro; ou são poupadores, os que preferem adiar seu consumo ou investimento imediato.

Os primeiros, não tendo **Capital** para suportar seu desejo de consumo ou investimento imediato, procuram os Poupadores solicitando o **Capital** que afirmam necessitar. Resulta, então, o **Acordo de Juros**: os Poupadores cedem seu **Capital** e os consumidores ou investidores se comprometem a pagar uma remuneração, os **Juros**.

Nos fluxos de caixa abaixo, observe a orientação das flechas (apontadas para cima ou para baixo a critério do analista) e que, na data final, a devolução do capital é acrescida dos juros determinando o **Montante M** ou **FV** -"Future Value"- nas calculadoras e planilhas eletrônicas.

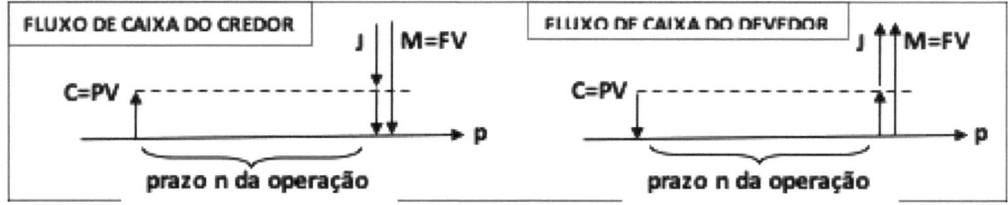

Escrevemos: $\quad M = C + J \quad$ ou $\quad FV = C + J$

A TAXA DE JUROS

Se o **Capital (C)**, no intervalo de tempo **n**, determina **Juros (J)**, a **Taxa de Juros (i)** é o quociente entre o valor dos **Juros** e o valor do **Capital**.

$$i = \frac{J}{C} \; no \; prazo \; n$$

Se o prazo da operação é unitário, ou seja, se **n = 1 período p**, teremos:

$i = \frac{J}{C}$ a.p. (ao período)

Os períodos mais usuais são: **ao ano (a.a.)** ; **ao semestre (a.s.)** ; **ao quadrimestre (a.q.)** ; **ao trimestre (a.t.)** ; **ao bimestre (a .b.)** ; **ao mês (a.m.)**.

Exemplificando:

Se o capital R$ 100,00 rende juros de R$ 5,00 em 1 ano, a taxa de juros será:

$$i = \frac{5}{100} = 0,0500 = 5,00\% \; a.a.$$

Se o capital R$ 800,00 rende juros de R$ 72,00 em 5 meses, a taxa de juros será:

$$i = \frac{72}{800} = 0,0900 = 9,00\% \; em \; 5 \; meses.$$

Quanto ao relacionamento entre as grandezas apresentadas:

Juros e **Capital** são grandezas diretamente proporcionais, isto é, dobrando o **Capital**, dobram os **Juros**: para a metade do **Capital**, os **Juros**, reduzem-se à metade; e assim por diante.

Juros e Taxa de Juros são grandezas diretamente proporcionais, isto é, dobrando $Taxa\ de\ Juros$, dobram os $Juros$ s; para a metade da **Taxa de Juros**, os $Juros$ reduzem-se à metade; e assim por diante.

Juros e Tempo da operação são grandezas diretamente proporcionais, isto é, dobrando o **Tempo**. dobram os **Juros**; para a metade do **Tempo**, os **Juros** reduzem-se à metade; e assim por diante.

E a partir das afirmações acima, a aritmética elementar nos leva a:

Juros = Capital * Taxa de juros * Tempo

Em símbolos:

$$J = C * i * n \quad \text{ou} \quad J = PV * i * n$$

Oportuno registrar que nas expressões acima a **Taxa de Juros (I)** e o **Tempo (n)** devem ser expressos nas mesmas unidades.

O REGIME DE JUROS SIMPLES – RJS

A operação do capital **C = PV** à taxa de juros **i% a.p.** no prazo **n** é contratada em **Regime de Juros Simples (RJS)** se os juros forem incorporados ao capital – ou capitalizados - apenas ao final do prazo **n** da operação.

Isto significa que:

A operação do capital **C = PV** à taxa de juros **i % a.m.** no prazo de **6 meses** é efetuada em **Regime de Juros Simples – RJS** – se os juros forem incorporados ao capital apenas ao final dos **6 meses**.

A operação do capital **C = PV** à taxa de juros **i % a.b.** no prazo de **3 anos e meio** é efetuada em **Regime de Juros Simples – RJS** – se os juros forem incorporados ao capital apenas ao final dos **3 anos e meio**.

A operação do capital **C = PV** à taxa de juros **i % a.a.** no prazo de **12 semestres** é efetuada em **Regime de Juros Simples – RJS** – se os juros forem incorporados ao capital apenas ao final dos **12 semestres**.

Se **p** é o período de definição da taxa de juros **i** e o prazo da operação é igual a **n** períodos **p**, então:

para um período, n = 1, teremos $J_1 = C * i * 1 = 1\ J$ (uma parcela de juros)

para dois períodos, n = 2, teremos $J_2 = C * i * 2 = 2\ J$ (duas parcelas de juros)

para três períodos, n = 3, teremos $J_3 = C * i * 3 = 3\ J$ (três parcelas de juros)

e assim por diante.

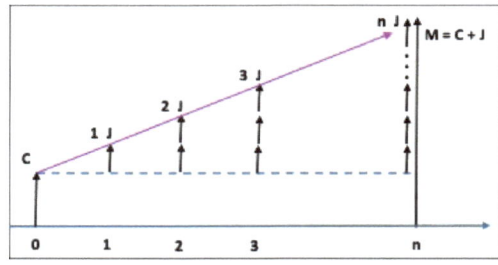

Exemplo: Para a operação do capital R$ 10.000,00 à taxa de juros 5% a.p. por 3 períodos em RJS:

DATA	JUROS	MONTANTE
	C * i * n	C + J
0		10.000,00
1	10.000,00 * 5% * 1 = 500,00	10.000,00
2	10.000,00 * 5% * 2 = 1.000,00	10.000,00
3	10.000,00 * 5% * 3 = 1.500,00	11.500,00

De modo geral, temos:

J = C * i * n
M = C + J   ➡   M = C + C * i * n

➡   M = C * (1 + i)   ⇔ $C = \dfrac{M}{(1 + i * n)}$

ou com a simbologia das calculadoras e planilhas eletrônicas

$FV = PV * (1 + i * n)$ ⇔ $PV = \dfrac{FV}{(1 + i * n)}$

Dizemos, então, que as expressões acima definem o relacionamento entre o capital **C = PV** em RJS e o montante **M = FV**.

Como referidas expressões apresentam a variável **n** com expoente **1**, temos uma expressão do primeiro grau na variável **n** significando que o capital **C = PV** e o montante **M = FV** se relacionam através de uma reta de inclinação **C * i**, que se refere ao ângulo α da figura abaixo:

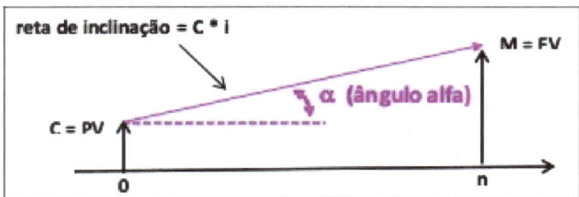

De modo geral, para a taxa de juros **i % a. p.**, se os capitais **A(datax)** ; **B(datay)** e **C(dataz)** da figura abaixo estão relacionados em **RJS,** visualizamos:

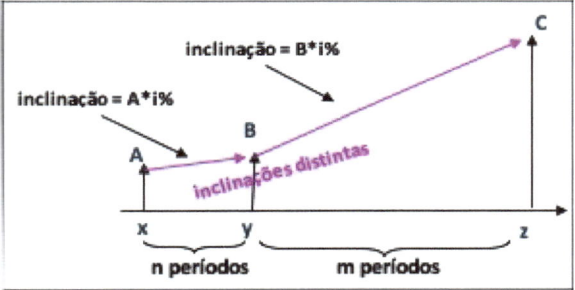

Exemplificando com a taxa 10 %a.p. e os capitais **100(data2)** ; **130(data5)** e **221(data12)**, podemos escrever 130 = 100 * (1 + 10% * 3) e 221 = 130 * (1 + 10% * 7) e visualizamos:

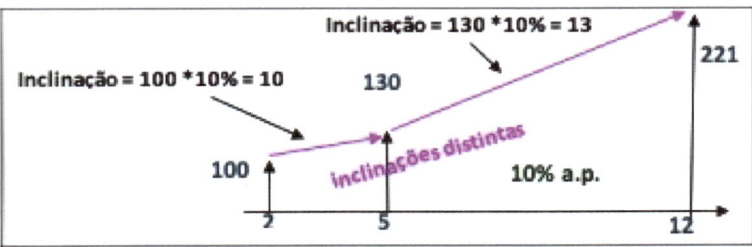

A RELAÇÃO BINÁRIA REGIME DE JUROS SIMPLES - $\mathcal{R}_{RJS}$

Para a taxa de juros **i % a.p.** e prazo **n**, chamamos **Relação Binária Regime de Juros Simples**, a relação $\mathcal{R}_{RJS}$, definida no conjunto dos capitais que a cada capital X relaciona:

o montante   **M = X * (1 + i * n)**

$$C = \frac{X}{(1 + i\% * n)}$$
ou o capital

Visualização:

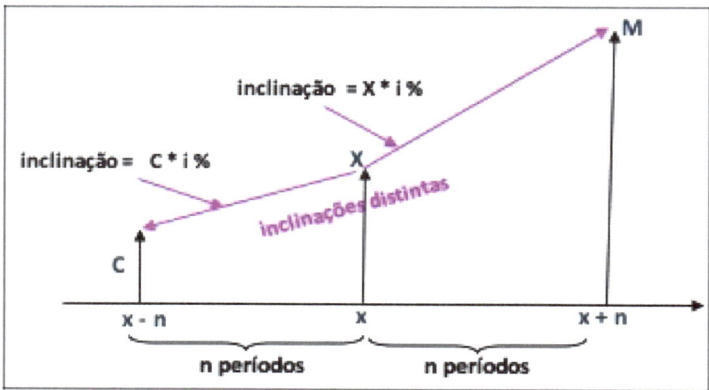

O REGIME DE JUROS COMPOSTOS - RJC

A operação do capital **C** à taxa de juros **i %** a.p. no prazo **n** períodos **p** é contratada em Regime de Juros Compostos (RJC) se os juros forem incorporados ao capital - capitalizados -, ao final de cada período **p** ao longo do prazo **n** da operação.

Observe:

Ao expressar a taxa de juros na unidade **p**. o RJC define **p** como período ao final do qual a capitalização deve ser feita. Quanto ao prazo **n**, ele pode ser expresso em qualquer unidade.

Isto significa que:

> A operação do capital **C**, à taxa de juros **i % a.m.**, no prazo de **6 meses**, é efetuada em Regime de Juros Compostos – RJC –, se os juros forem calculados e capitalizados ao final de cada mês ao longo do prazo de **6 meses** da operação.

> A operação do capital **C**, à taxa de juros **i % a.m.**, no prazo de **1 ano** é efetuada em Regime de Juros Compostos – RJC –, se os juros forem calculados e capitalizados ao final de cada mês ao longo do prazo $1\ ano$ da operação.

> A operação do capital C à taxa de juros $i\%\ a.b.$ no prazo de 13 semestres é efetuada em Regime de Juros Compostos – RJC –, se os juros forem calculados e capitalizados ao final de cada bimestre ao longo do prazo **13 semestres** da operação.

Para exemplificar, consideremos a operação do capital R$ 10.000,00 em RJC, à taxa de juros 5% a.m. por 1 trimestre.

PEDRO-WALDO FERNANDES DE CUNHA
Matemática e Consultoria

DATA	JUROS	MONTANTE
	C * i * n	C + J
0		10.000,00
1	10.000,00 * 5% * 1 = 500,00	10.500,00
2	10.500,00 * 5% * 1 = 525,00	11.025,00
3	11.025,00 * 5% * 1 = 551,25	11.576,25

De modo geral:

Na data0, o Capital inicial é **C**.

Na data1, final do primeiro período, os juros J_1 são calculados sobre o capital inicial C e geram o Montante M_1:

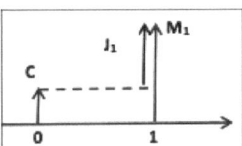

$J_1 = C * i * 1 = C * 1$
$M_1 = C + J_1$
$\Rightarrow M_1 = C + C * i \Rightarrow M_1 = C * (1 + i)$

Na data2, final do segundo período, os juros J_2 são calculados sobre o montante M_1 e geram o Montante M_2

$J_2 = M_1 * i * 1 = M_1 * 1$
$M_2 = M_1 + J_1$
$M_1 = C * (1 + i)$
$\Rightarrow M_2 = M_1 + M_1 * i \Rightarrow M_2 = M_1 * (1 + i)$
$\Rightarrow M_2 = C * (1 + i) * (1 + i)$
$\Rightarrow M2 = C * (1 + i)^2$

Na data3, final do terceiro período, os juros J_3 são calculados sobre o montante M_2 gerando o Montante M_3

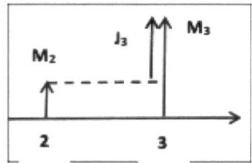

$J_3 = M_2 * i * 1 = M_2 * 1$

$M_3 = M_2 + J_3$

$M_2 = C * (1+i)^2$

$\Rightarrow M_3 = M_2 + M_2 * i \Rightarrow M_3 = M_2 * (1+i)$

$\Rightarrow M_3 = C * (1+i)^2 * (1+i)$

$\Rightarrow M_3 = C * (1+i)^3$

E assim por diante, até que na <u>datan</u>, final do último período, os juros J_n são calculados sobre o montante M_{n-1} e geram o Montante final M

$J_n = M_{n-1} * i * 1 = M_{n-1} * 1$

$M = M_{n-1} + J_n$

$M_{n-1} = C * (1+i)^{n-1}$

$\Rightarrow M = M_{n-1} + M_{n-1} * i \Rightarrow M = M_{n-1} * (1+i)$

$\Rightarrow M = C * (1+i)^{n-1} * (1+i) \Rightarrow M = C * (1+i)^n$

Visualização:

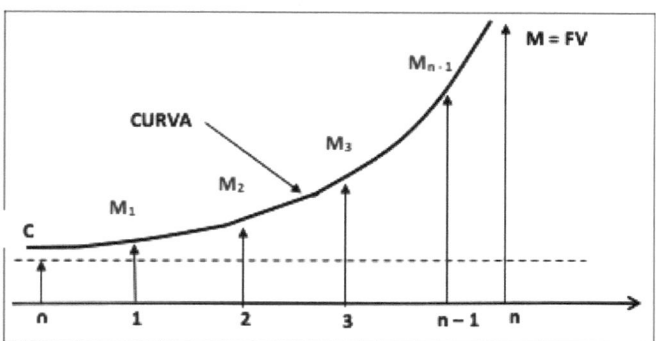

Em termos formais:

A expressão **M = C * (1 + i)ⁿ** é uma expressão exponencial de base $(1 + i)$. Ela define a relação entre o capital **C = PV** aplicado em RJC e o montante **M = FV** resgatado. O fator $(1 + i)^n$ é chamado fator de incorporação de juros.

Dizemos, então, que em RJC, o Capital aplicado e o Montante resgatado têm relacionamento exponencial de base $(1 + i)$.

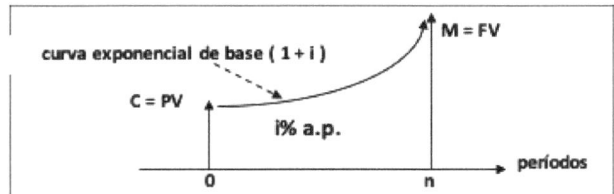

Em outras palavras: o Capital aplicado em RJC e o Montante resgatado se relacionam através de uma curva exponencial de base **(1 + i)**.

No caso geral, em RJC, se B = A * (1 + i)^(y−x) ; e C = B * (1 + i)^(z−y) , a curva que relaciona os capitais $A(Data\ x)$ e $B(Data\ y)$ e $C(Data\ z)$ é única. Ela é a curva exponencial de base $(1 + i)$.

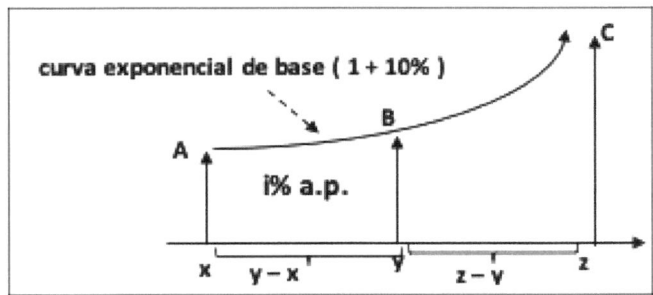

Exemplificando com a taxa 10 % a.p., para os capitais **100(data0)** ; **133,10(data3)** e **313,84(data12)**, escrevemos: **133,10 = 100 * (1 + 10 %)³** e **313,84 = 133,10 * (1 + 10 %)⁹**.

E visualizamos:

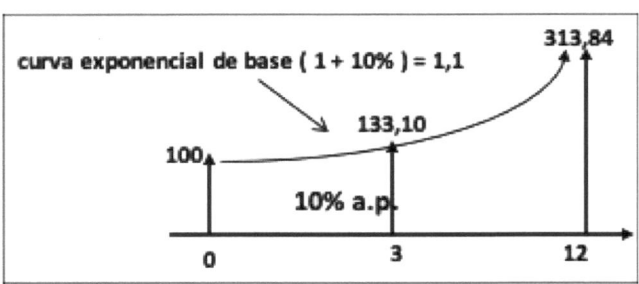

A RELAÇÃO BINÁRIA REGIME DE JUROS COMOSTOS - $\mathcal{R}_{RJC}$

Para a taxa de juros **i % a.p.** e prazo n, chamamos **Relação Binária Regime de Juros Compostos** a relação $\mathcal{R}_{RJC}$, definida no conjunto dos capitais que a cada capital X relaciona:

o montante $\quad\quad M = X * (1 + i\%)^n$

ou o capital $\quad\quad C = \dfrac{X}{(1 + i\,\%)^n}$

Na visualização, observe que a partir de X se obtém C do qual X é montante e M que é montante de X.

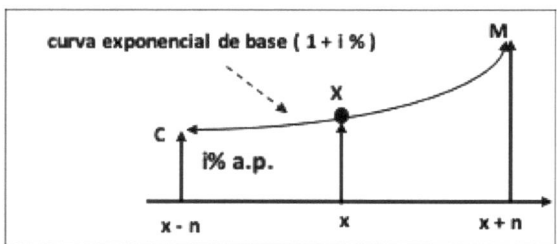

Finalmente, para obter a expressão que calcula os juros em RJC :

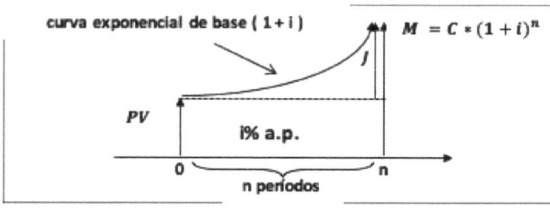

$M = C + J$ ➡ $J = M - C$
$M = C * (1+i)^n$
➡ $J = C*(1+i)^n - C$ ➡ $J = C*\{(1+i)^n - 1\}$

Exemplo:

Na aplicação em RJC do capital R$ 10.000,00 à taxa de juros 2,5% ao mês, no prazo de 5 meses, os juros incorridos serão:

$$J = C*\{(1+i)^n - 1\} = 10.000 * \{(1+2,5\%)^5 - 1\} = 1.314,08$$

Visualização:

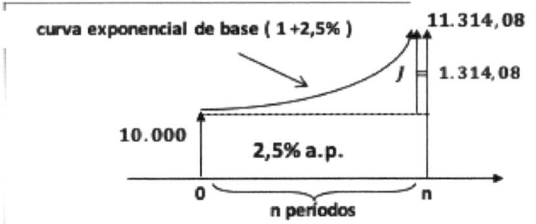

A EQUIVALÊNCIA

Equivalência é a qualidade daquilo que é equivalente. Se duas coisas são equivalentes, uma pode substituir a outra nos termos da relação que se estabelece entre elas:

Um quilo de soja é equivalente a um quilo de batatas em termos de peso. Os dois têm o mesmo peso, um pode substituir o outro em termos de peso;

Uma nota de dez reais é equivalente a duas notas de cinco reais em relação ao poder de compra. Elas compram a mesma coisa, uma pode substituir a outra em termos de compra.

Em termos formais, as Relações de Equivalência se caracterizam pela reflexividade, simetria e transitividade: se a relação tem essas três propriedades, ela é Relação de Equivalência e se é Relação de Equivalência ela tem essas três propriedades.

a) a reflexividade significando que cada elemento (x) se relaciona consigo mesmo.

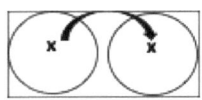

b) a simetria significando que se um elemento (x) se relaciona com outro elemento (y), então este (y) se relaciona com o primeiro (x).

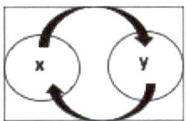

c) a transitividade significando que se um elemento (x) se relaciona com outro elemento (y) e se esse (y) se relaciona com um terceiro (z), então o primeiro (x) se relaciona com esse terceiro (z).

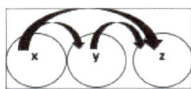

A Equivalência não deve ser confundida com a Igualdade. A Igualdade, com maiúscula, ela é uma ideia: duas coisas são iguais quando forem a mesma coisa. Em outras palavras, duas coisas são iguais quando forem uma coisa só: quando escrevemos $5 + 3 = 6 + 2$, estamos nos referindo à mesma coisa, uma coisa só: o $oito$.

INFLAÇÃO E PODER DE COMPRA

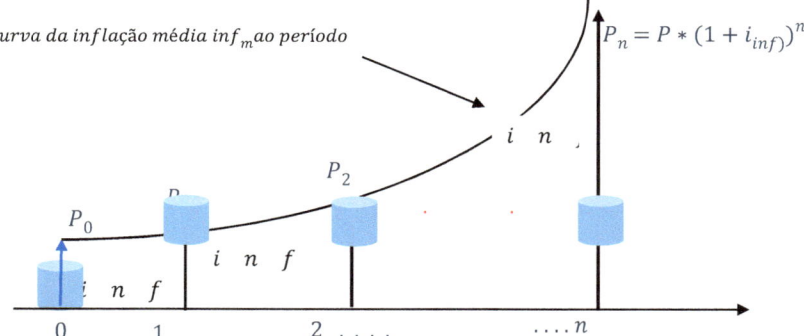

Se consideramos a inflação média **inf$_m$** definida pelo preço **P** de uma cesta de produtos mostrada acima.

Então, ao analisarmos a figura abaixo, observamos:

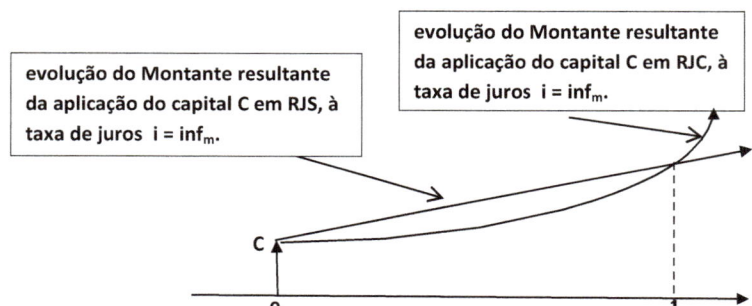

(1) A evolução do Montante M, resultante da aplicação do capital **C**, à taxa de juros **i = inf $_m$** , em RJS, não é a mesma que a evolução da inflação média **inf $_m$**, ou seja, <u>o capital C aplicado em RJS, à taxa de juros **i = inf $_m$**, e o montante **M** resgatado não possuem o mesmo poder de compra.</u>

(2) A evolução do Montante M, resultante da aplicação do capital **C**, à taxa de juros **i = inf $_m$** , em RJc, é a mesma que a evolução da inflação média **inf $_m$**, ou seja, <u>o capital C aplicado em RJC, à taxa de juros **i = inf $_m$**, e o montante **M** resgatado possuem o mesmo poder de compra.</u>

PARTE 2 – O TEOREMA DE EQUIVALÊNCIA DE CAPITAIS

Enunciado:

> Para a taxa de juros i % a.p., a Relação Binária entre o Capital C aplicado e o montante M resgatado é Relação de Equivalência quando estabelecida em Regime de Juros Compostos, não o sendo quando estabelecida em Regime de Juros Simples.

Hipóteses (H)

H1 – Existe a Relação Binária Regime de Juros Simples - $\mathcal{R}_{RJS}$., definida no conjunto dos capitais, que a cada capital **X** relaciona:

o capital   **M = X * (1 + i * n)**

ou o capital $C = \dfrac{X}{(1 + i * n)}$

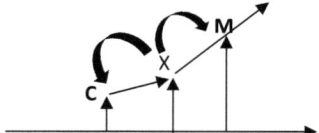

H2 – Existe a Relação Binária Regime de Juros Compostos - $\mathcal{R}_{RJC}$., definida no conjunto dos capitais, que a cada capital **X** relaciona:

o capital   **M = C * (1 + i)ⁿ**

ou o capital $C = \dfrac{X}{(1 + i)^n}$

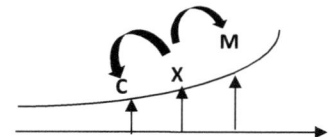

Demonstração

Para demonstrar esse teorema devemos mostrar: (a) que a relação $\mathcal{R}_{RJC}$ é reflexiva, simétrica e transitiva e (b) que a relação $\mathcal{R}_{RJS}$ não é reflexiva, ou não é simétrica, ou não é transitiva.

Então:

1 - Tendo em vista a reflexividade, para qualquer valor da taxa de juros $i\% \ a.p.$, se $n = 0$ teremos:

Para a relação $\mathcal{R}_{RJS}$:

Em   **M = C * (1 + i * n)** ⇒ $M = C * (1 + i * 0)$ **M = C**

Para a relação $\mathcal{R}_{RJC}$:

Em   **M = C * (1 + i)ⁿ** ⇒ $M = C * (1 + i)^0$ ⇒ **M = C**

Ou seja: o Capital X consegue se relacionar consigo mesmo tanto na relação $\mathcal{R}_{RJS}$, como na relação $\mathcal{R}_{RJC}$. Isso acarreta que as relações $\mathcal{R}_{RJS}$ e $\mathcal{R}_{RJC}$ são ambas reflexivas.

Para as duas relações, visualizamos:

A conclusão acima pode ser visualizada em forma de fluxo de caixa para $\mathcal{R}_{RJS}$ e $\mathcal{R}_{RJC}$, para qualquer valor da taxa de juros $i\%\ a.p.$:

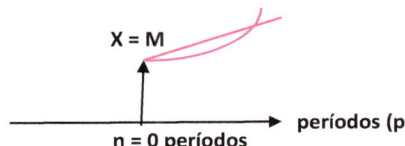

2 - Tendo em vista a simetria para qualquer valor da taxa de juros $i\%\ a.p.$:

Para a relação $\mathcal{R}_{RJS}$:

Em **M = X * (1 + i * n)** vemos que o capital X se relaciona com o montante **X * (1 + i * n)**.

em $C = \dfrac{X}{(1 + i * n)}$, para o montante **X * (1 + i * n)**, calculamos

$C = \dfrac{X * (1 + i * n)}{(1 + i * n)} = X$

Para a relação $\mathcal{R}_{RJC}$:

Em **M = X * (1 + i)ⁿ**, vemos que o capital **X** se relaciona com o montante **X * (1 + i)ⁿ**.

em $C = \dfrac{X}{(1 + i)^n}$, para o montante **X * (1 + i)ⁿ**, calculamos $C = \dfrac{X * (1 + i)^n}{(1 + i)^n} = X$

Ou seja: tanto na relação $\mathcal{R}_{RJS}$ como a relação $\mathcal{R}_{RJC}$, se um capital se relaciona com outro, esse se relaciona com o primeiro. Isso acarreta que as relações $\mathcal{R}_{RJS}$ e $\mathcal{R}_{RJC}$ são ambas simétricas.

Para ambos os casos, a visualização será:

As conclusões acima podem ser visualizadas em forma de fluxo de caixa para qualquer valor da taxa de juros **i % a.p.**:

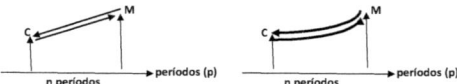

3 - Tendo em vista a transitividade, considerando a relação $\mathcal{R}_{RJS}$, os capitais distintos **A(datax)**; **B(datay)** e **C(dataz)** visualizados na figura abaixo e a taxa de juros **i % a.p.**:

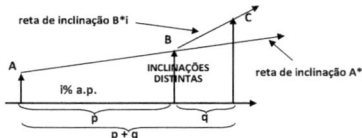

a) Ao escrevermos **B = A * (1 + i * p)** indicamos que para a taxa de juros **i % a.p.**, os capitais **A(datax)** e **B(datay)** se relacionam através da reta de inclinação **A * i%**.

b) Ao escrevermos **C = B * (1 + i * n)** indicamos que para a taxa de juros **i % a.p.**, os capitais **B(datay)** e **C(dataz)** se relacionam através da reta de inclinação **B * i%**.

c) Mas se escrevermos **C = A * { 1 + i * (p + q +) }** <u>estaremos indicando falsamente</u> que para a taxa de juros **i % a.p.**, os capitais **A(datax)** e **C(dataz)** se relacionam em RJS, <u>pois a reta que passa por **A** e tem inclinação **A * i %**, não passa por</u> ^{C}.

Resulta, então, que a relação $\mathcal{R}_{RJS}$ S não é transitiva e visualizamos:

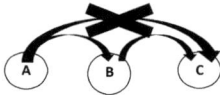

Por fim, considerando a relação $\mathcal{R}_{RJC}$, os capitais distintos **A(datax)** ; **B(datay)** e **C(dataz)** visualizados na figura abaixo e a taxa de juros **i % a.p.**:

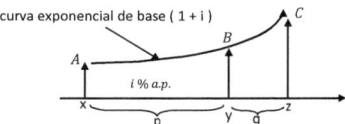

a) Ao escrevermos **B = A * (1 + i)^p** indicamos que os capitais **A(datax)** e **B(datay)** se relacionam através da curva exponencial de base **(1 + i)**.

b) Ao escrevermos **C = B * (1 + i)^q** indicamos que os capitais **B(datay)** e **C(dataz)** se relacionam através da curva exponencial de base **(1 + i)**.

c) E ao escrevermos **C = A * (1 + i)$^{p+q}$** indicamos que os capitais **A(datax)** e **C(dataz)** se relacionam através da curva exponencial de base **(1 + i)**.

Do exposto, resulta que a relação $\mathcal{R}_{RJC}$ é transitiva e visualizamos:

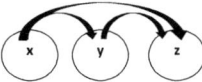

De (1), (2) e (3) resulta demonstrado o Teorema da Equivalência de Capitais, pois a relação $\mathcal{R}_{RJC}$, sendo reflexiva, simétrica e transitiva, é Relação de Equivalência e a relação $\mathcal{R}_{RJS}$, não sendo transitiva, não é Relação de Equivalência.

CONSEQUÊNCIA IMEDIATA DO TEOREMA DA EQUIVALÊNCIA DE CAPITAIS

Definição:

> Dois capitais **A(datax)** e **B(datay)** são equivalentes em relação à taxa de juros **i % a.p.**, se e somente se, para a taxa de juros **i % a.p.**, se relacionarem em Regime de Juros Compostos, ou seja, se **B = A * (1 + i)$^{b-a}$ ou A = B *)1 + i)$^{a-b}$**

Em outras palavras:

> Dois capitais **A(datax)** e **B(datay)** são equivalentes em relação à taxa de juros **i % a.p.**, se e somente se, através da taxa de juros **i % a.p.** e em Regime de Juros Compostos, um deles for Capital $C = PV$ e o outro for Montante $M = FV$.

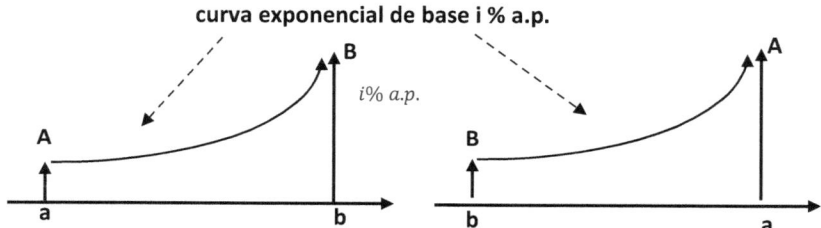

Então:

Para se determinar, em relação à taxa de juros **5% a.p.**, o capital equivalente **data7** do capital abaixo representado:

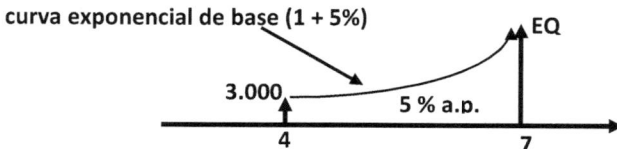

Teremos: **EQ(data7) = 3.000 * (1 + 5%)³ = 3.472,88**

Para determinar, em relação à taxa de juros 2% a.p, o capital equivalente data3 do capital abaixo representado:

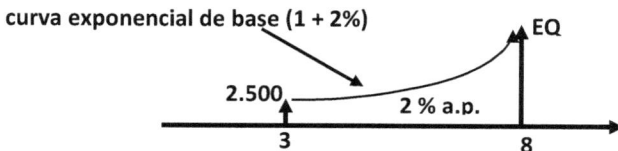

Teremos: EQ(data3) = 2.500 / (1 + 2 % $)^5$ = 2.264,33

PROPRIEDADES DOS CAPITAIS EQUIVALENTES

São imediatas as seguintes propriedades:

PRIMEIRA: Em um ambiente de inflação média **inf**, dois capitais equivalentes em relação à taxa de juros i = inf, têm o mesmo poder de compra em qualquer data.

Visualização:

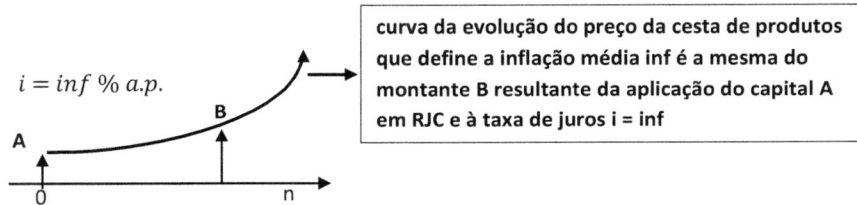

curva da evolução do preço da cesta de produtos que define a inflação média inf é a mesma do montante B resultante da aplicação do capital A em RJC e à taxa de juros i = inf

SEGUNDA: Se para uma taxa de juros **i % a.p.**, dois capitais distintos são equivalentes, então, para essa taxa de juros, eles serão expressos pelo mesmo valor em qualquer **datax**.

Visualização:

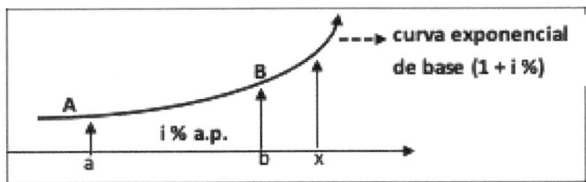

curva exponencial de base (1 + i %)

PARTE 3 – A UTILIDADE DA EQUIVALÊNCIA DE CAPITAIS

Vimos que capitais expressos em datas distintas não possuem definidas a adição, a subtração e a comparação, mas uma vez definido o conceito de **Capitais Equivalentes,** conseguimos entender sua importância para a Matemática Financeira: eles tornam possíveis:

1 - ESTIMAR A ADIÇÃO, A SUBTRAÇÃO E A COMPARAÇÃO DE CAPITAIS NÃO EXPRESSOS NA MESMA DATA.

Para os capitais abaixo representados e em relação a uma taxa de juros qualquer **i % a.p.**, é possível determinar, em uma **datax** qualquer, os seus capitais equivalentes e esses, por estarem expressos na mesma data, poderão ser adicionados, subtraídos e comparados. Desta forma, na **datax** e para a taxa de juros considerada, teremos uma ideia da adição, da subtração e da comparação dos capitais inicialmente considerados.

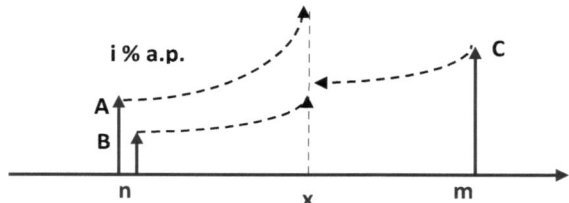

Para a taxa **i = 5% a.p.**, por exemplo, sobre os capitais equivalentes dos capitais representados abaixo, expressos na **data10**, poderemos afirmar:

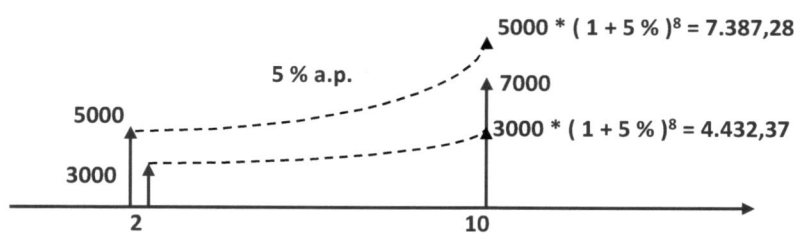

a) Existe a soma **7.000(data10) + 7.387,28(data10) = 14.387,28(data10)**.
b) Existe a subtração **7.000(data10) - 7.387,28(data10) = - 387,28(data10)**
c) Podemos afirmar que **7.000(data10)** é maior que **4.432,37(data10)**.
d) Podemos afirmar que **7.000(data10)** é menor que **7.387,28(data10)**.

2 – ESTIMAR O VALOR DE UM FLUXO DE CAIXA EM UMA DETERMINADA DATA

Para um fluxo de caixa qualquer e para uma taxa de juros **i % a.p.**:

Podemos determinar os capitais equivalentes em uma **datax** qualquer e soma-los. Esta soma, denominada **VALOR LÍQUIDO (datax) - VL$_x$ -** será uma ideia, na **datax**, do valor do fluxo de caixa em relação à taxa de juros considerada.

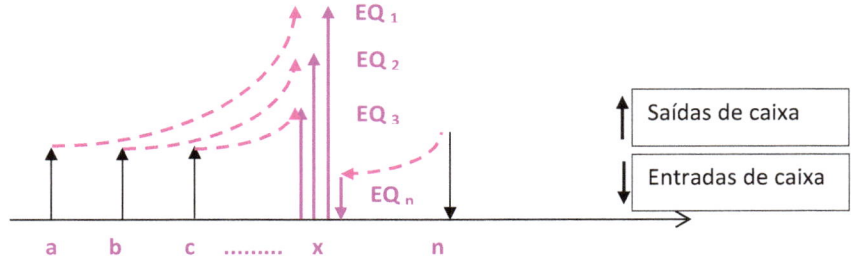

E escrevemos: $VL_x = EQ_1 + EQ_2 + EQ_3 + \ldots + EQ_n$

Se, em relação à mesma taxa de juros **i % a.p.**, referida soma de capitais equivalentes for calculada em outra **datay**, teremos uma outra ideia, agora na **datay - VL$_y$ -** do valor do fluxo em relação à mesma taxa de juros.

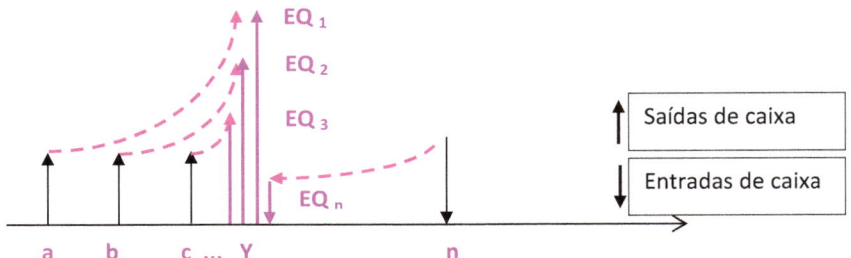

Se, em relação à uma taxa de juros **i % a.p.**, todos os capitais equivalentes aos capitais de um fluxo de caixa forem expressos na **data0**, sua soma denomina-se **VALOR PRESENTE LÍQUIDO. – VLP OU NPV – Net Present Value -** na nomenclatura das calculadoras e planilhas eletrônicas.

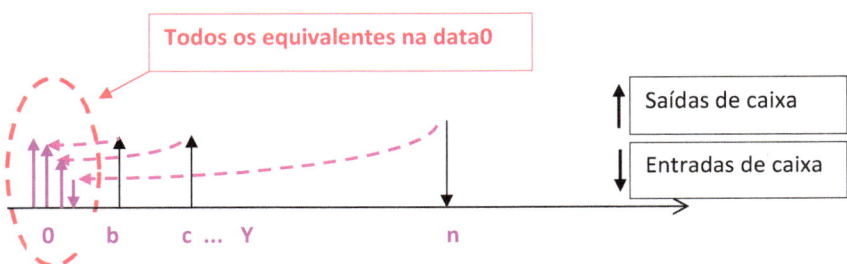

E escrevemos:

$$VPL = EQ_1(data0) + EQ_2(data0) + EQ_3(data0) + \ldots + EQ_n(data0)$$

Se, em relação a uma mesma taxa de juros **i % a.p.**, os **VALORES LÍQUIDOS** dos capitais de um fluxo de caixa forem calculados em datas distintas **0 ; x ; y ; z ; .....n**, a propriedade transitiva do RJC garantirá que esses **VALORES LÍQUIDOS** estarão todos relacionados pela mesma curva exponencial de base **(1 + i)**, seguindo-se, então, imediata e obrigatoriamente que para a mesma taxa de juros **VPL ; VL$_X$; VL$_Y$; VL$_Z$; ...... SÃO CAPITAIS EQUIVALENTES ENTRE SI.**

Visualização:

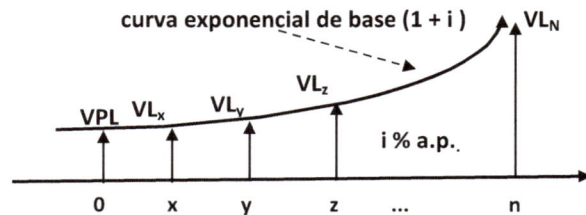

Como exemplo, para a taxa de juros $2{,}5\ \%\ a.p.$ e para o fluxo de caixa abaixo:

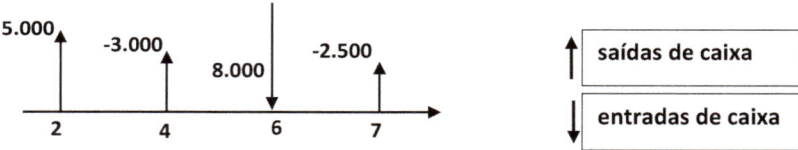

Calculando os capitais equivalentes **DATA5** para cada capital do fluxo:

$EQ_1 = -5000 \ast (1 + 2{,}5\ \%)^3 = -5.384{,}45$ (saída de caixa)

$EQ_2 = -3000 \ast (1 + 2{,}5\ \%)^1 = -3.075{,}00$ (saída de caixa)

$EQ_3 = \dfrac{8.000}{(1 + 2{,}5\ \%)^1} = 7.804{,}88$

$$EQ_4 = \frac{-2.500}{(1 + 2,5\%)^2} = 2.379,54$$

Com todos os capitais equivalentes expressos na DATA5, podemos soma-los obtendo assim, o Valor Líquido:

VL5 = -5.384,45 + (-3.075,00) + 7.804,88 + (-2.379,54) = -3.034,11

Para a mesma taxa de juros $2,5\%\ a.p.$, o **VALOR PRESENTE LÍQUIDO (VPL)** será:

$$EQ_1 = \frac{-5000}{(1 + 2,5\%)^2} = -4.759,07$$

$$EQ_2 = \frac{-3000}{(1 + 2,5\%)^4} = -2.717,85$$

$$EQ_3 = \frac{8000}{(1 + 2,5\%)^6} = -6.898,37$$

$$EQ_4 = \frac{-2500}{(1 + 2,5\%)^7} = -2.103,16$$

Com todos os capitais equivalentes são expressos na **data0**, podemos soma-los, obtendo o Valor Presente Líquido:

VPL = (- 4.759,07) + (- 2.717,85) + 6.898,37 = (-2.103,16) = -2.681,71

Para a **DATA3,** se fizermos os mesmos cálculos, obteremos **VL$_3$ = - 2.887,91**

Para a **DATA7**, se fizermos os mesmos cálculos, obteremos **VL$_7$ = -3.187,71**

E teremos também:

VL$_3$ = VPL * (1 + 2,5 %)^3 = - 2.681,71 * (1 + 2,5 %)^3 = - 2.887,91

VL$_5$ = VL3 * (1 + 2,5 %)^2 = -2.887,91 * (1 + 2,5 %)^2 = - 3.034,11

VL$_7$ = VL5 * (1 + 2,5 %)^2 = - 3.034,11 * (1 + 2,5 %)^2 = -3.187,71

VL$_7$ = VL3 * (1 + 2,5 %)^4 = -2.887,91 * (1 + 2,5 %)^4 = - 3.187,71

Com a seguinte visualização:

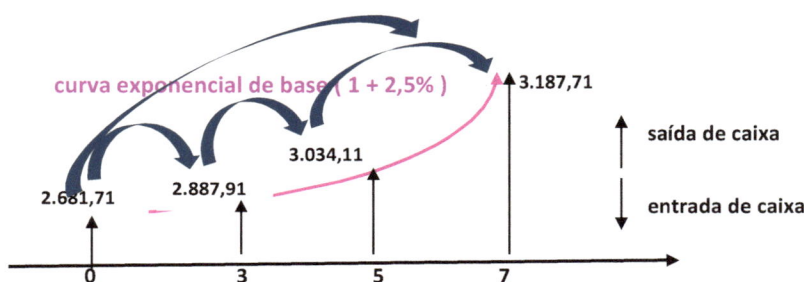

CASO PARTICULAR IMPORTANTE: VALOR LÍQUIDO IGUAL A ZERO OU VALOR LÍQUIDO NULO

Ocorrendo **VALOR LÍQUIDO NULO,** ou seja, se o **VALOR LÍQUIDO – VL -** de um fluxo de caixa, calculado à taxa **i %** a.p., em uma **datax** qualquer for igual a **ZERO (0)**, então, a taxa de juros **i** será denominada
TAXA INTERNA DE RETORNO DO FLUXO DE CAIXA – TIR ou IRR – Internal Rate of Return
.

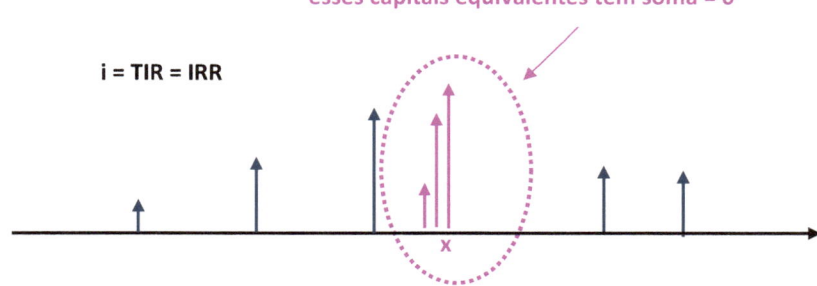

Em símbolos, sendo x uma data qualquer, teremos:

$$VL_{datax} = 0 \Leftrightarrow i = TIR = IRR$$

Para bom entendimento da **TAXA INTERNA DE RETORNO,** devemos ter claro estarmos tratando com **Capitais Equivalentes,** de cálculos feitos em RJC para os quais vale a propriedade transitiva e que o **Capital Equivalente ao capital nulo só pode ser outro capital nulo.**

Então:

Se para uma taxa de juros **i % a.p.**, um fluxo de caixa tem **Valor Líquido nulo em uma data,** para a mesma taxa de juros, **ele terá Valor Líquido nulo em qualquer data.**

Por essa razão, dizemos que: **a TAXA INTERNA DE RETORNO IGUALA O TOTAL DE ENTRADAS AO TOTAL DE SAÍDAS EM QUALQUER DATA OU QUE ELA "EQUILIBRA" O FLUXO DE CAIXA EM QUALQUER DATA.**

Exemplo: Para o fluxo de caixa abaixo:

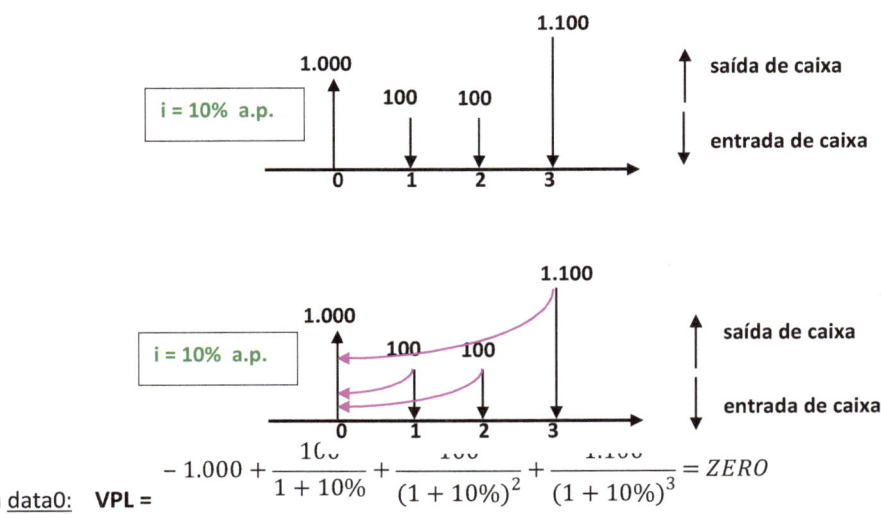

Na data0: VPL = $-1.000 + \dfrac{100}{1+10\%} + \dfrac{100}{(1+10\%)^2} + \dfrac{1.100}{(1+10\%)^3} = ZERO$

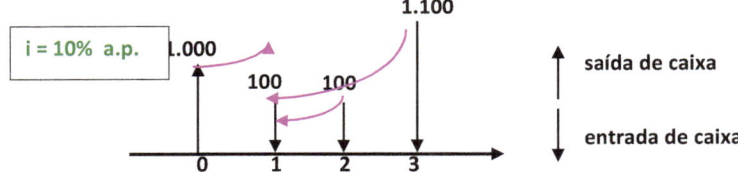

Na data1: $VL_1 = -1.000 * (1 + 10\%) + 100 + \dfrac{100}{(1+10\%)^1} + \dfrac{1.100}{(1+10\%)^2} = ZERO$

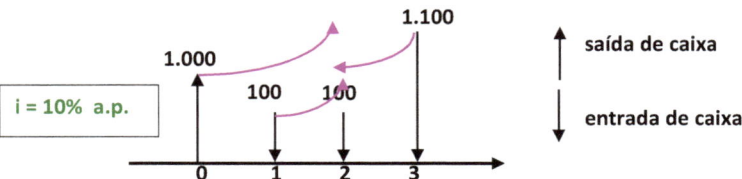

Na data2: $VL_2 = -1.000 * (1 + 10\%)^2 + 100 * (1 + 10\%)^1 + 100 + \dfrac{1.100}{(1+10\%)^1} = ZERO$

:

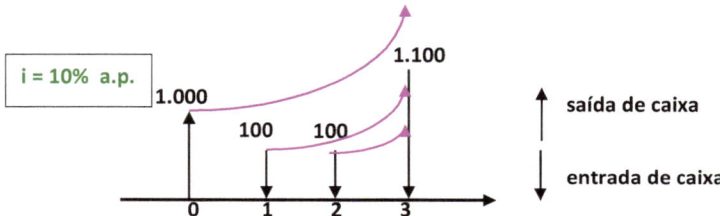

Na data3: $VL_3 = -1.000 * (1 + 10\%)^3 + 100 * (1 + 10\%)^2 + 100 * (1 + 10\%)^1 + 1.100$

$VL_3 = ZERO$.

E assim por diante.

Finalmente, é importante registrar que como Capitais Equivalentes são definidos somente em RJC, então:

1 – O Valor Líquido, soma de Capitais Equivalentes, **só é definido em RJC.**
2 – O Valor Presente Líquido, valor líquido calculado na data0, **só é definido em RJC.**
3 – A Taxa Interna de Retorno, taxa de juros para a qual o Valor Líquido é nulo, **só é definida em RJC.**

ESSAS SÃO, ENTÃO, AS RAZÕES PELAS QUAIS AS CALCULADORAS E PLANILHAS ELETRÔNICAS NÃO APRESENTAM TECLAS OU PROGRAMAS INTERNOS QUE CALCULEM O VALOR PRESENTE LÍQUIDO E A TAXA INTERNA DE RETORNO EM RJS. ELAS SÓ OS APRESENTAM PARA CÁLCULOS EM RJC.

Parte 4 - A IMPORTÂNCIA DO VALOR LÍQUIDO PARA O MERCADO FINANCEIRO

Operações de empréstimos e financiamentos são descritas por fluxos de caixa em que o pagamento da última prestação anula o saldo devedor do contrato, ou seja: $SD_n = 0$.

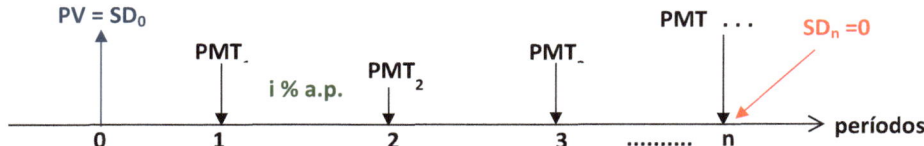

Nos termos da Matemática Financeira: $SD_n = 0$ significa que, para a taxa de juros i do contrato, o **VALOR LÍQUIDO - VL** do seu fluxo de caixa, calculado na **data n** é nulo, ou seja: $VL_n = 0$.

Mas, em acordo com o que vimos no item anterior, se para uma taxa de juros **i % a.p.**, um fluxo de caixa tem **Valor Líquido nulo em uma data,** para a mesma taxa de juros, **ele terá Valor Líquido nulo em qualquer data** e, então, para um fluxo de caixa que represente uma operação de empréstimo ou financiamento, devemos ter: $VL_x = 0$ ⇒ $VL_n = 0$ para n == 0 ; 1 ; 2 ; 3 ; .... ; n.

E isso tem significado importante para as partes contratantes, a saber:

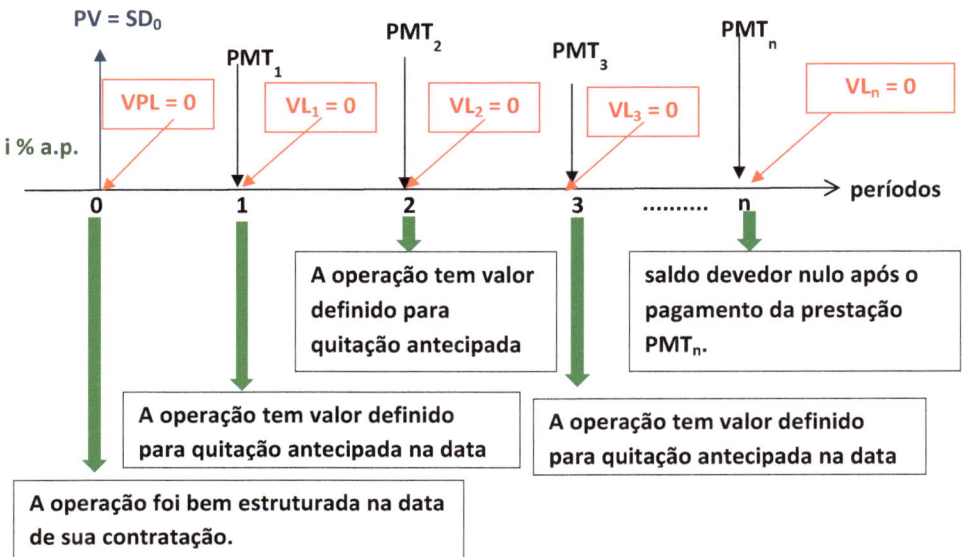

COMO O VALOR LÍQUIDO - VL SÓ É DEFINIDO EM RJC, ISSO ACARRETA O SISTEMA FINANCEIRO SÓ OPERAR EMPRÉSTIMOS OU FINANCIAMENTOS CUJAS PRESTAÇÕES SEJAM DETERMINADAS POR CÁLCULOS EM RJC.

No exemplo a seguir, vamos apresentar uma operação com prestação determinada por cálculos em RJC, método conhecido no mercado como **Sistema Francês ou Price, nmo Brasil** e observaremos todo o exposto acima:

Um agente econômico opera um empréstimo de valor **PV = SD0 = R$ 2.486,85** contratado à taxa de juros **i = 10 % a.m.** para pagamento em 3 prestações (PMT) iguais, periódicas e consecutivas, determinadas por cálculos em RJC, a primeira vencendo na data1.

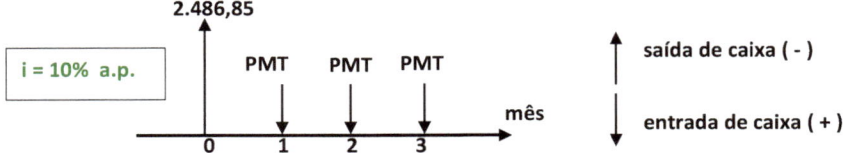

Para determinarmos o valor da prestação, vamos calcular, na data 3 os **CAPITAIS EQUIVALENTES** aos capitais do fluxo, com a taxa de juros contratual **10 % a.p.**:

(1) Capital Equivalente na data 3 do valor da operação R$ 2.486,85 à taxa 10% a.m.

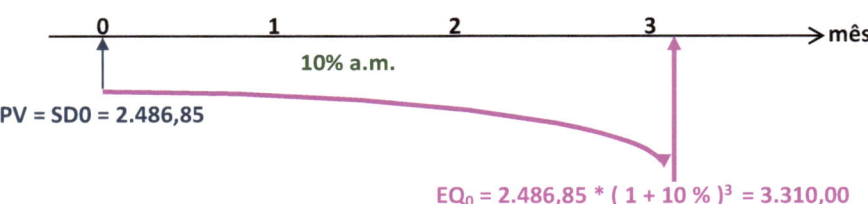

$EQ_0 = 2.486,85 * (1 + 10 \%)^3 = 3.310,00$

Importante observar que, para o agente econômico, esse cálculo representa o valor de quitação do empréstimo se o tomador tivesse contratado 10% a.m. em RJC para pagamento único na data 3.

(2) Capital Equivalente na data 3 da primeira prestação PMT

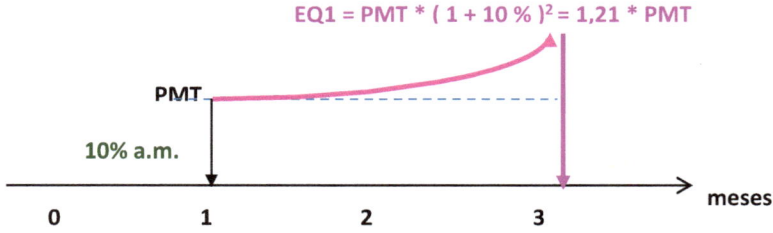

$EQ_1 = PMT * (1 + 10 \%)^2 = 1,21 * PMT$

Importante observar que, para o agente econômico, esse cálculo representa qual será o valor de resgate se, ao receber a primeira prestação, aplica-la em RJC, a 10% a.m., para resgate na data 3.

(3) Capital Equivalente na data 3 da segunda prestação PMT

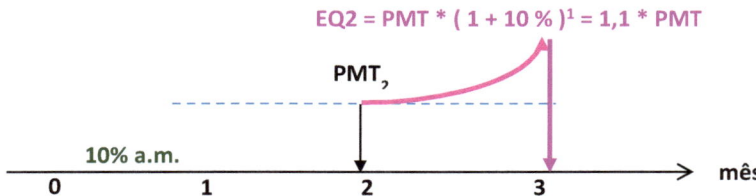

Importante observar que, para o agente econômico, esse cálculo representa qual será o valor de resgate se, ao receber a segunda prestação, aplica-la em RJC, 10% a.m., para resgate na data 3.

(4) Capital Equivalente na data 3 da terceira prestação PMT

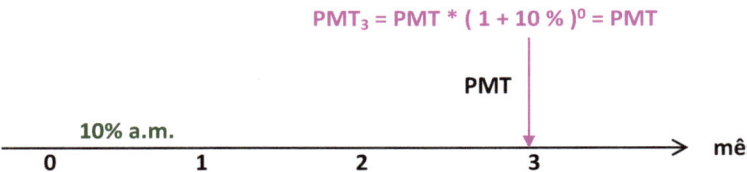

O valor da terceira prestação já está na data 3 e vale **PMT** (mas poderíamos projetá-lo conforme exposto acima encontrando o mesmo valor.

Com todos os valores expressos na data 3 - visualização abaixo – devemos ter **VL$_3$ = 0**

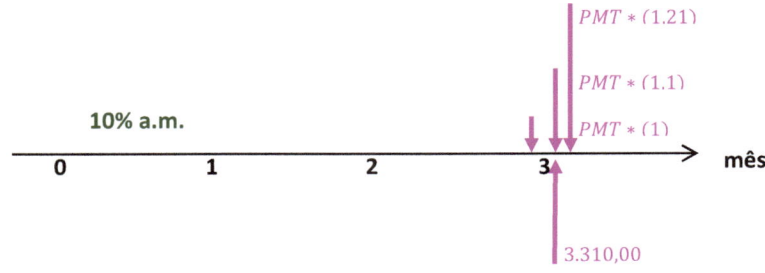

Importante observar que, para o agente econômico, a igualdade **VL$_3$ = 0** significa que a soma dos valores de resgate das aplicações das prestações que vier a receber se igualaria ao valor de quitação do empréstimo se o tomador tivesse contratado 10% a.m. em RJC para pagamento único na data 3.

E que fique bem claro: Os cálculos efetuados em RJC não significam que o tomador do empréstimo pagará os juros compostos que o credor projeta ganhar. O credor projeta ganhar juros em RJC reaplicando em RJC as prestações que vier a receber.

Então: 3.310,00 - PMT * 1,21 - PMT * 1,1 – PMT

3.310,00 = PMT * 3,31

PMT = 1.000,00

Determinado o valor da prestação da operação, podemos agora verificar que para o fluxo de caixa da operação, teremos **VPL = VL1 = VL2 = VL3 = 0** ou seja, o Valor Líquido do fluxo, calculado em qualquer data, é nulo. Observe.

Na DATA0, teremos a seguinte visualização, em que:

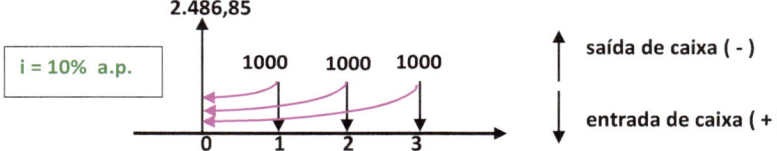

a) Saída de caixa do credor: -2.486,85

b) Capital Equivalente da primeira prestação $\dfrac{1.000}{(1 + 10\%)^1} = 909,09$

c) Capital Equivalente da segunda prestação $\dfrac{1.000}{(1 + 10\%)^2} = 826,45$

d) Capital Equivalente da terceira prestação $\dfrac{1.000}{(1 + 10\%)^3} = 751,31$

então: VPL = 22.486,85 + 909,09 + 826,45 + 751,31 = 0

> A operação foi bem estruturada na data da contratação

Na DATA1, teremos a seguinte visualização:

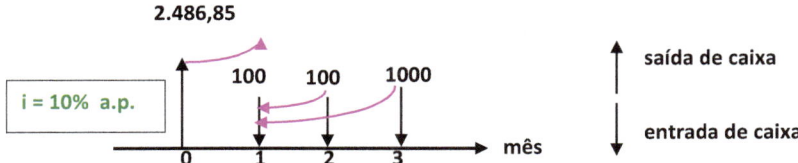

a) Capital Equivalente à saída do caixa do credor: -2.486,85 * (1 + 10 %)¹ = 2.735,54

b) Pagamento da primeira prestação 1.000,00

c) Capital Equivalente da segunda prestação $\dfrac{1.000}{(1+10\%)^1} = 909,09$

d) Capital Equivalente da terceira prestação $\dfrac{1.000}{(1+10\%)^2} = 826,45$

então: VL1 = -2.735,54 + 1.000,00 + 909,09 + 826,45 = 0

este é o valor de quitação da operação na data1: 2.735,54

Na DATA2, teremos a seguinte visualização, em que:

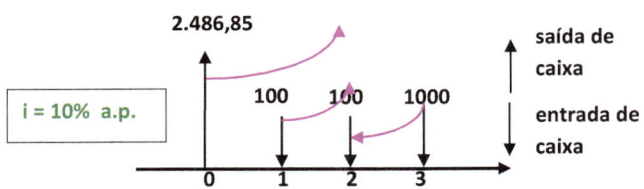

a) Capital Equivalente à saída do caixa do credor: -2.486,85 * (1 + 10 % 0)² = -3.009,09

b) Capital Equivalente da primeira prestação 1.000,00 * (1 + 10 %)¹ = 1.100,00

c) Pagamento da segunda prestação 1.000,00

d) Capital Equivalente da terceira prestação $\dfrac{1.000}{(1+10\%)^1} = 909{,}09$

então: VL2 = -3.009,09 + 1.100,00 + 1.000,00 + 909,09 = 0

Na DATA3, teremos a seguinte visualização, onde

a) Capital Equivalente à saída do caixa do credor: -2.486,85 * (1 + 10 %)³ = - 3.310,00

b) Capital Equivalente da primeira prestação 1.000,00 * (1 + 10 %)2 = 1.210,00

c) Capital Equivalente da segunda prestação 1.000,00 / (1 + 10 %)1 = 1.100,00

d) Pagamento da terceira prestação 1.000,00

então: VL3 = -3,310,00 + 1.210,00 + 1.100,00 + 1000,00 = 0

É o valor de quitação da operação na data3: 1.000,00

ANALISANDO O MÉTODO DE GAUSS

Para finalizar, como contraexemplo, vamos apresentar uma operação de empréstimo com prestação determinada por cálculos em RJS. O método que apresentaremos é denominado **Método de Gauss**. Comprovaremos o exposto teoricamente e as razões pelas quais o mercado financeiro jamais utilizou referido método.

Um agente econômico concede um empréstimo de valor **SD0 = R$ 2.538,46** contratado à taxa de juros **i = 10 % a.m.** para pagamento em 3 prestações (PMT) calculadas com base no RJS, iguais, periódicas e consecutivas, a primeira vencendo na data1.

Para determinarmos o valor da prestação vamos calcular, em RJS, o valor futuro dos capitais do fluxo de caixa acima, expressos na data 3, data final do contrato e com a taxa de juros contratual.

a) Valor Futuro na data3 do valor da operação R$ 2.538,46 à taxa 10% a.m.:

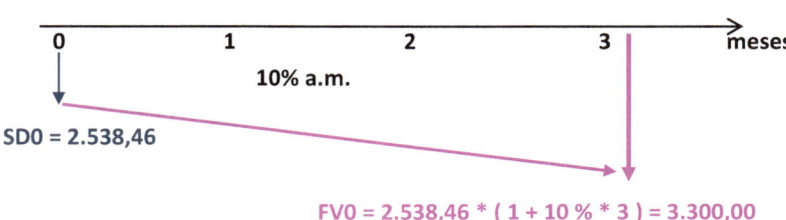

Importante observar que, para o agente econômico, esse cálculo representa <u>o valor de quitação do empréstimo se o tomador tivesse contratado **10 % a.m.**, em RJS, para pagamento único na data 3.</u>

b) Valor Futuro na data3 da primeira prestação PMT:

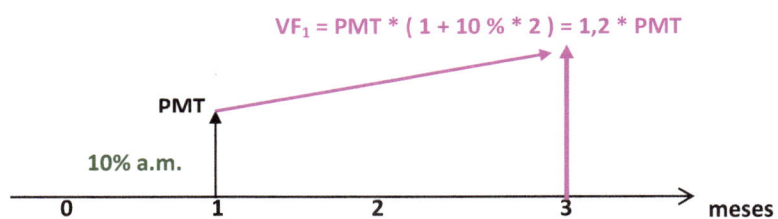

Importante observar que, para o agente econômico, esse cálculo representaria <u>qual seria o valor de resgate se, ao receber a primeira prestação, a aplicasse em RJS, $10\%\ a.m.$, para resgate na data 3.</u>

(3) Capital Equivalente na data 3 da segunda prestação PMT

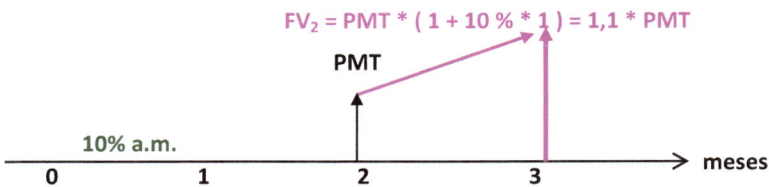

Importante observar que, para o agente econômico, esse cálculo representa <u>qual seria o valor de resgate se, ao receber a segunda prestação, a aplicasse em RJS, $10\%\ a.m.$, para resgate na data 3.</u>

c) Valor Futuro na data3 da terceira prestação PMT:

$$FV_3 = PMT * (1 + 10\% * 0) = PMT$$

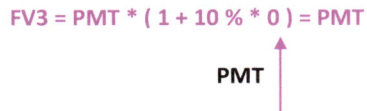

O valor da terceira prestação já está na data 3 e vale **PMT** (mas poderíamos projetá-lo conforme exposto acima encontrando o mesmo valor).

Com todos os valores expressos na data 3 - visualização abaixo - teremos:

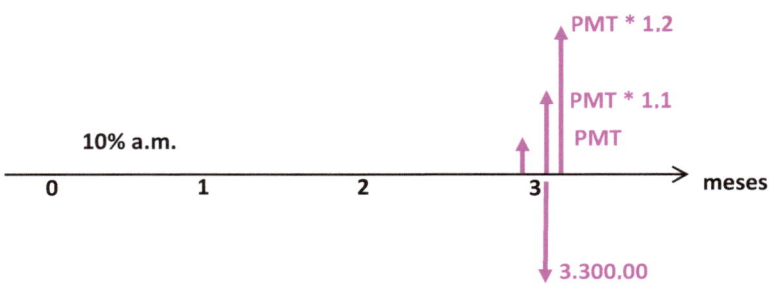

Fazendo SOMA DOS VALORES EXPRESSOS NA DATA3 = 0, é importante observar que, para o agente econômico, isso significaria que <u>a soma dos valores de resgate das aplicações das prestações que viesse a receber seria igual ao valor de quitação do empréstimo se o tomador tivesse contratado 10% a.m. em RJS para pagamento único na data 3.</u>

Então: 3.300,00 - PMT * 1,2 - PMT * 1,1 - PMT = 0

3.300,00 = 3,3 PMT

PMT = 1.000,00

Determinado o valor da prestação da operação, vamos calcular valores futuros em RJS à taxa de juros do contrato 10 % a.m.

a) Na data0, teremos:

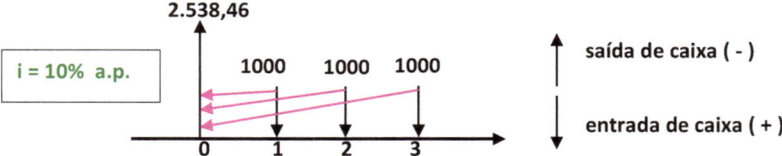

a) Saída do caixa do credor: - 2.538,46

b) Valor na data0 da primeira prestação $\dfrac{1.000}{(1 + 10\% * 1)}$ = 909,09

c) Valor na data0 da segunda prestação $\dfrac{1.000}{(1 + 10\% * 2)}$ = 833,33

d) Valor na data0 da terceira prestação $\dfrac{1.000}{(1 + 10\% * 3)}$ = 769,23

então − 2.486,85 + 909,09 + 833,33 + 769,23 = − 24,8 ≠ 0

> a operação NÃO foi bem estruturada na data de sua contratação

b) Na data1, teremos:

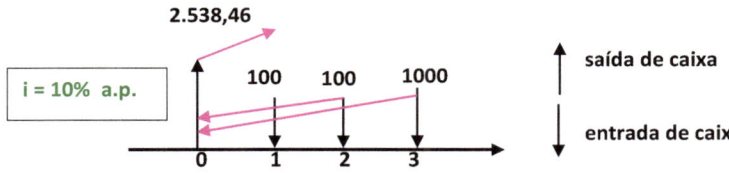

a) Valor na data1 da saída do caixa do credos:− 2.538,46 * (1 + 10 % * 1) = − 2.792,31

b) Valor na data1 da primeira prestação: 1.000,00

c) Valor na data1 da segunda prestação $\dfrac{1.000}{(1 + 10\% * 1)}$ = 909,09

d) Valor na data1 da terceira prestação $\dfrac{1.000}{(1 + 10\% * 2)}$ = 833,33

então: − 2.792,31 + 1.000,00 + 909,09 + 833,33 = − 49,89 ≠ 0

> A operação não tem valor definido para quitação na data1. Se o tomador quiser quitar a operação na data 1 por esse valor negativo (!) , o credor não aceita!

Na data2, teremos:

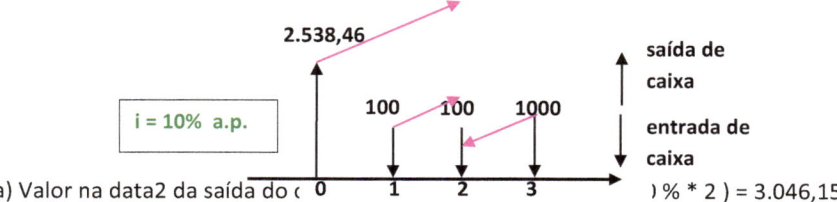

a) Valor na data2 da saída do credor:) % * 2) = 3.046,15

b) Valor na data2 da primeira prestação: 1.000,00 * (1 + 10 % * 1) = 1.100,00

c) Valor na data2 da segunda prestação: 1.000,00

d) Valor na data2 da terceira prestação: $\dfrac{1.000}{(1 + 10\% * 1)}$

então: -3.046,15 + 1.100,00 + 1.00,00 + 909,09 = - 37,09 ≠ 0

> A operação não tem valor definido para quitação na data1.
> Se o tomador quiser quitar a operação na data 1 por esse valor negativo (!), o credor não aceita!

Na data3, teremos:

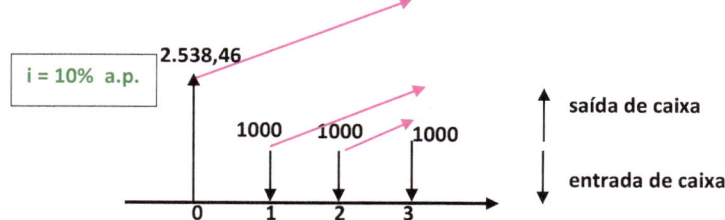

a) Valor na data3 da saída de caixa do credor: - 2.538,46 * (1 + 10 5 *3) = - 3.300,00

b) Valor na data3 da primeira prestação: 1.000,00 * (1 + 10 % * 2) = 1.200,00

c) Valor na data3 da segunda prestação: 1.000,00 * (1 + 10 % * 1) = 1.100,00

d) valor na data3 da terceira prestação 1.000,00

então: - 3.300,00 + 1.200,00 + 1.100,00 + 1.000,00 = 0 , ou seja, os cálculos efetuados para determinar o valor da prestação só garantem que a operação seja quitada na data3.

PEDRO-WALDO FERNANDES DE CUNHA
Matemática e Consultoria

PARTE 5- O PARADOXO DO SISTEMA FINANCEIRO

Um paradoxo é uma declaração que nos leva a uma contradição lógica, a uma situação que desafia o entendimento comum. São, normalmente, explicitados, provocam a reação que deles se espera para depois serem detalhadamente explicados, colocando as coisas em seus devidos lugares.

Um paradoxo famoso, atribuído a Zenão – século V a.C. – é *"se você está a uma distância qualquer de uma parede, você jamais, andando em direção a ela, conseguirá alcançá-la"*. E ele, para instigar os sábios da época, argumentava: se entre você e a parede há, inicialmente, uma distância qualquer, há em linha reta infinitos pontos entre você e a parede. Se você diminuir essa distância pela metade, em linha reta, haverá infinitos pontos entre você e a parede, de maneira tal que, se você repetir o que fez, diminuindo a distância novamente pela metade, haverá ainda, em linha reta, infinitos pontos entre você e a parede. Dessa forma, ele afirmava, você jamais a alcançará!

As várias explicações para o referido paradoxo só foram apresentadas muitos séculos mais tarde, quando os limites, os infinitos e os infinitésimos foram definidos. Uma delas se baseia no limite das sequências: o limite da sequência (1/2 ; 1/4 ; 1/8 ; ....) é zero quando o número de termos tende ao infinito.

Vamos, então, ao Paradoxo do Sistema Financeiro:

"No Sistema Financeiro, você paga juros simples e o credor ganha juros compostos."

Sua explicação começa pela apresentação detalhada de um sistema de pagamento de empréstimos não muito considerado na bibliografia usual da Matemática Financeira, mas muito conhecido e utilizado no Mercado Financeiro mundial: **O SISTEMA GERAL DE PAGAMENTO EM REGIME DE JUROS SIMPLES.**

Por ele, um saldo devedor inicial **PV = SD_0** contratado na **data0** à taxa de juros **i % a..p.**, é quitado em **n** prestações **PMT_n** periódicas e consecutivas, a primeira vencendo na **data1**, formadas por duas parcelas, uma de amortização **$AMORT_n$** e outra relativa a juros **J_n** em que:

a) As amortizações são um percentual do saldo devedor inicial **SD_0**, ou seja:

$$AMORT_1 = X \% * SD_0 ;$$

$$AMORT_2 = Y \% * SD_0 ;$$

$$AMORT_3 = Z \% * SD_0 ; \ldots\ldots \text{ com } X + Y + Z + \ldots = 100$$

b) os juros J_n são calculados sobre o saldo devedor SD_{n-1} do início de cada período, em regime de juros simples, ou seja: $J_n = SD_{n-1} * i \% * 1 = SD_{n-1} * i \%$

Visualização:

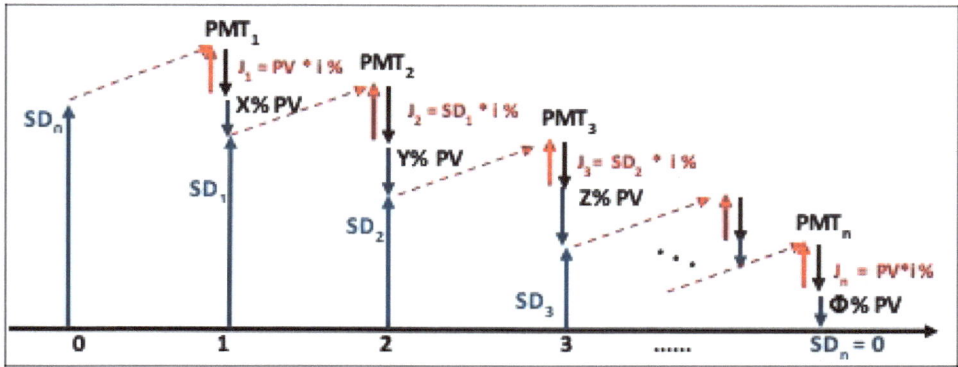

Para exemplificar, consideraremos: SD_0 = 9.000,00 ; i % = 10 % a.p. ; n = 3 e amortizações iguais a **20 %** ; **30 %** e **50 %** do saldo devedor inicial SD_0, conforme mostra a planilha abaixo:

DATA	PMT	JUROS	AMORT (%)	AMORT(R$)	S. DEVEDOR
0					9.000,00
1	2.700,00	900,00	20,0%*9.000	1.800,00	7.200,00
2	3.420,00	720,00	30,0%*9.000	2.700,00	4.500,00
3	4.950,00	450,00	50,0%*9.000	4.500,00	ZERO
TOTAL	11.070,00	2.070,00	100,0%*9.000	9.000,00	

Ocorre que o credor da operação pensa - sempre - em maximizar seus resultados. É o seu instinto. Ele pensa que o ideal teria sido contratar a operação em RJC para pagamento único na data final, **data3** e, por outro lado, ele pensa em contratar, imediatamente, operações no valor de cada prestação que vier a receber, em **RJC** e para pagamento único na **data3**.

Para visualizar seus pensamentos, seu planejamento, ele projeta para a **data3**, em **RJC** e à taxa **10 % a.p.** o valor da operação realizada e o valor das prestações contratadas que acredita vir a receber.

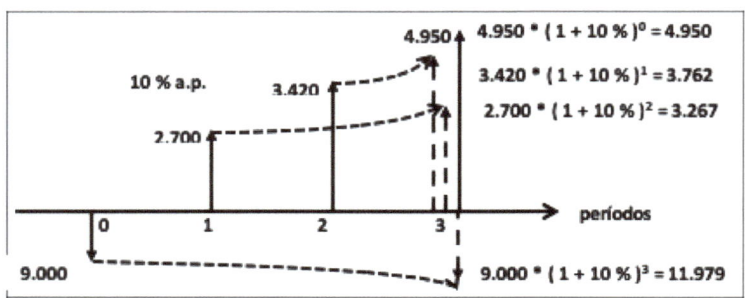

A tabela abaixo ilustra os cálculos efetuados. Ele descobre que seu rendimento será o mesmo que obteria se tivesse emprestado **R$ 9.000,00** a **10 % a.p.** em RJC para pagamento único na data3.

DATA	PRESTAÇÃO	CÁLCULOS	PROJEÇÕES DO CREDOR
0		$9.000*(1+10\%)^3$	11.979,00
1	2.700,00	$2.700*(1+10\%)^2$	3.267,00
2	3.420,00	$3.420*(1+10\%)^1$	3.762,00
3	4.950,00	$4.950*(1+10\%)^0$	4.950,00
TOTAL (1+2+3)	11.070,00		11.979,00

Voltando à intenção inicial, vamos visualizar a partir dos dados da operação considerada, que acelerando as amortizações, passando-as para **30,2%**; **33,2%** e **36,6%** como mostra a tabela abaixo, o saldo devedor diminui mais rapidamente, o total dos juros da operação diminui e obtemos prestações constantes. Temos o Sistema de Prestações Constantes, Sistema Francês ou Price.

DATA	PMT	JUROS	AMORT (%)	AMORT(R$)	S. DEVEDOR
0					9.000,00
1	3.619,03	900,00	30,2%	2.719,03	6.280,97
2	3.619,03	628,10	33,2%	2.990,93	3.290,04
3	3.619,03	329,00	36,6%	3.260,03	ZERO
TOTAL	10.857,09	1.857,10	100,0%	9.000,00	

E a análise do credor seria:

DATA	PRESTAÇÃO	CALCULOS	PROJEÇÕES DO CREDOR
0		$9.000*(1+10\%)^3$	11.979,00
1	3.619,03	$3.619,03*(1+10\%)^2$	4.379,03
2	3.619,03	$3.619,03*(1+10\%)^1$	3.980,93
3	3.619,03	$3.619,03*(1+10\%)^0$	3619,03

TOTAL(1+2+3)	10.857,09		11.979,00

Acelerando mais ainda as amortizações, passando-as agora para **33,3%**, **33,3%** e **33,3%** como mostra a tabela abaixo, o saldo devedor diminui mais rapidamente ainda, o total dos juros da operação diminui maios e obtemos amortizações constantes. Temos Sistema de Amortizações Constantes – SAC.

DATA	PMT	JUROS	AMORT(%)	AMORT(R$)	S.DEVEDOR
0					9.000,00
1	3.900,00	900,00	33,3%	3.000,00	6.000,00
2	3.600,00	600,00	33,3%	3.000,00	3.000,00
3	3.300,00	300,00	33,3%	3.000,00	ZERO
TOTAL	10.800,00	1.800,00	100,0%	9.000,00	

E a análise efetuada pelo credor seria:

DATA	PRESTAÇÃO	CALCULOS	PROJEÇÕES DO CREDOR
0		$9.000*(1+10\%)^3$	11.979,00
1	3.900,00	$3.900,00*(1+10\%)^2$	4.719,00
2	3.600,00	$3.600,00*(1+10\%)^1$	3.960,00
3	3.300,00	$3.300,00*(1+10\%)^0$	3.300,00
TOTAL(1+2+3)	10.800,00		11.979,00

E, por fim, **desacelerando radicalmente as amortizações**, com o saldo devedor sendo quitado no final da operação, temos o "Sistema do Agiota".

DATA	PMT	JUROS	AMORT(%)	AMORT(R$)	S.DEVEDOR
0					9.000,00
1	900,00	900,00	0,0%	0,00	9.000,00
2	900,00	900,00	0,0%	0,00	9.000,00
3	9.900,00	900,00	100,0%	9.000,00	ZERO
TOTAL	11.700,00	2.700,00	100,0%	9.000,00	

Observe que, nesse caso, o total dos juros a juros de uma operação contratada para pagamento único na data3, em RJS é : J_{RJS} = R$ 9.000 * 10 % * 3 = R$ 2.700,00.

Com as seguintes projeções efetuadas pelo credor:

DATA	PRESTAÇÃO	CALCULOS	PROJEÇÕES DO CREDOR
0		9.000*(1+10%)³	11.979,00
1	900,00	900,00*(1+10%)²	1.089,00
2	900,00	900,00*(1+10%)¹	990,00
3	9.900,00	9.900,00*(1+10%)⁰	9.900,00
TOTAL(1+2+3)	11.700,00		11.979,00

A tabela abaixo agrupa os resultados nas diversas situações apresentadas:

TIPO	AMORTIZAÇÕES	JUROS PAGOS	PROJEÇÃO DO CREDOR
"AGIOTA"	0,0%; 0,0%; 100,0%	2.700,00	11.979,00
CASO GERAL	20,0%; 30,0%; 50,0%	2.070,00	11.979,00
PRICE	30,2%; 33,2%; 36.6%	1.857,10	11.979,00
SAC	33,3%; 33,3%; 33,3%	1.800,00	11.979,00

Observe: $J_{RJS} = J_{AGIOTA} > J_{CASO\ GERAL}$

Ocorre, entretanto, que esta afirmação é sempre verdadeira, vejamos:

1 - Para o caso mais geral de uma operação operada pelo Sistema Geral de Pagamento em Regime de Juros Simples, a soma dos desembolsos com o pagamento de juros, da forma como opera a contabilidade, será:

$$\sum_{0}^{n}(SD_n * i)$$

com $AMORT_n \neq 0$, n = 1 ; 2 ; 3 ; ..... ; n – 1.

e $SD_n < SD_{n-1} < ..... < SD_2 < SD_1 < SD_0$

2 - Caso o empréstimo fosse tomado para pagamento único, em Regime de Juros Simples, o desembolso do devedor seria:

$$SD_0 * i * n$$

De (1) e (2), vem:

$$\sum_{0}^{n}(SD_n * i) \leq SD_0 * i * n$$

E, portanto:

$$J_{RJS} = J_{AGIOTA} > J_{CASO\ GERAL}$$

De todo o exposto, podemos então, afirmar:

1 – O sistema Price de prestações constantes e o Sistema SAC são casos particulares do Sistema Geral de Pagamento de Empréstimos em Regime de Juros Simples e, portanto, qualquer afirmação da existência de juros compostos nas prestações determinadas pelo Sistema Price não tem sentido nem significado matemático.

2 – Para a mesma taxa de juros e mesmo prazo, a operação mais cara para o devedor é a operação contratada em Regime de Juros Simples para pagamento único na data final.

3 – Nas operações contratadas pelo Sistema Geral de Pagamento de Empréstimos em Regime de Juros Simples, o devedor paga juros simples sobre o saldo devedor de cada período, e o credor, no prazo contratado, <u>pode auferir juros compostos sobre todo o capital contratado</u>, ou seja, pode ganhar o total de juros que ganharia se a operação fosse contratada em Regime de Juros Compostos para pagamento único na data final da operação.

É a afirmação (3) que sugere enunciar "<u>**NO SISTEMA FINANCEIRO O DEVEDOR PAGA JUROS SIMPLES E O CREDOR GANHA JUROS COMPOSTOS**</u>", forma paradoxal de: No Sistema Financeiro, há operações em que o devedor paga juros simples e o credor consegue ganhar juros compostos.

PEDRO-WALDO FERNANDES DE CUNHA
Matemática e Consultoria

SOBRE O AUTOR

Matemático, foi professor de "cursinho" por mais de dez anos.
Estudou contabilidade em finanças em cursos para profissionais não financeiros.
Lecionou Matemática Financeira durante toda sua carreira profissional.
Fez MBA na FGV-RJ (campus de Belo Horizonte)
Trabalhou na área de controladoria de empresas de porte por outros dez anos.
Trabalhou na Administração Pública onde, concursado se aposentou.
Foi Presidente de Cooperativa de Crédito por 15 anos.
Lecionou na PUC-MG (campus de Coronel Fabriciano) e nas Faculdades Novos Horizontes.
Atualmente é professor na Faculdade Única de Contagem, faz palestras e dá consultoria.

www.ingramcontent.com/pod-product-compliance
Lightning Source LLC
Chambersburg PA
CBHW040329220526
45473CB00009B/2614